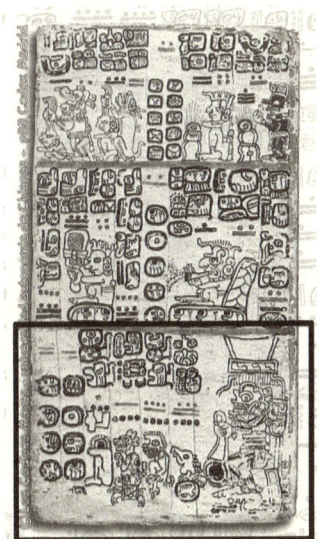

(quelques oublis et correction (l'arrivée, la venue des choses))

j'ai traduit, avec l'aide de mes lapins et d'un type que personne ne connait, et qui s'appelle, Dieu, m'infirmant et me confirmant certaines propositions, et traduisant le serpent dans la parole du type comme une bd, "verbe ou formule", "sourcils" une page de codex maya.
celle de madrid.
les histoires sont indépendantes et toute porteuse de sens,
j'ai commencé par le bas : le sac du seigneur.

Le sac du seigneur:

(du sac du visage désordonné du chaos roi)
Du sac du seigneur
sorti l'oiseau de son oeuf (les nombres au dessus représente les longueurs des périodes) (dans les autres dessins c'est les sens des lectures et le nombre de sceaux)
le singe sur sa branche,
le chien et sa tanière (certains signes furent gommés ou rajouté ultérieurement afin de perdre le lecteur : la tortue)
puis et venu,
l'homme qui pense et sa réflexion,
élément de l'assemblée des multitudes, l'homme qui parle,
du visage des multitudes force du serment de la réunion des deux lacs,
élément compréhension des multitudes de la foret primaire aux deux astres et aux fleuves central,
du visage du voyage des multitudes, gardien de la compréhension, et gardien du troupeau,

"*le nom des choses,le visage des choses*"
formule de l'union des deux mesures,
gardienne de la pénétration et gardienne du troupeau
"*la venue des choses, l'arrivée des choses,*
visage du voyage des choses, selon l'arrivée et selon le nombre"

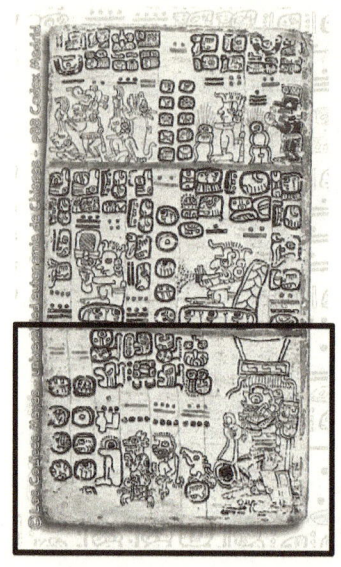

(le signe a droite de la non-tête qui représente l'action de penser, veut dire a la fois la réflexion (de l'un a l'autre, la continuité de la pensée et l'aboutissement de la logique, et a la fois de quel façon il faut dérouler le texte issu de ces signes, c'est a dire tout simplement par la logique et non par l'ordre ou le désordre des choses, pour les autres partie, le sens de lecture est dans le signe des droite et des ronds)

troisième sceaux:
le roi de l'assemblée des multitudes,
a parlé, de la colère du nombre
en raison de la hauteur du roi,
la colère du nombre,
en raison de la colère du nombre
la division,
le roi, et le nombre

les signes d'après je m'en occuperai plus tard, vu qu'ils ne sont pas tous visibles

du contentement:
de l'origine du un du deux du tout et du contentement,
de l'origine du cauchemar et du bonheur, du choix adéquat, *et du chemin sûr*
dans la mêlée de la rencontre, le choix adéquat, le chemin sûr,
c'est le choix lumineux *(la luminosité d'un des choix lors de l'évaluation, du regard)*
que distingue la vision de celui qui regarde,
telle est l'origine, du un du deux et de tout, (du chemin le plus sûr, celui de)
de l'homme qui fume sa cigarette, assis sur son confortable fauteuil,
tel est de l'origine de l'ouverture des paupières du chemin,
et de leur réunion, dans la pupille de la vision, du chemin. (de l'enfant jaguar).

ensuite:
pour faire un petit bébé
il faut deux parents, visage de leur union qui dort,
dans la maison de son visage, leur union, te regarde, en petit bébé.

quand il se réveilla, il entra dans un autre cauchemar,
et de cauchemar en cauchemar, se réveilla blessé

(je vous laisse les sceaux de la malformation, j'ai eu des lapins malformés)

deuxième sceaux:
quand un et son support
rencontra deux
il se ramifia en quatre,
et l'homme dort, dans sa maison de rêve
avec le un sans origine, le deux, le trois et le quatre.
quand il se réveilla de son rêve, il entra dans un autre cauchemar....

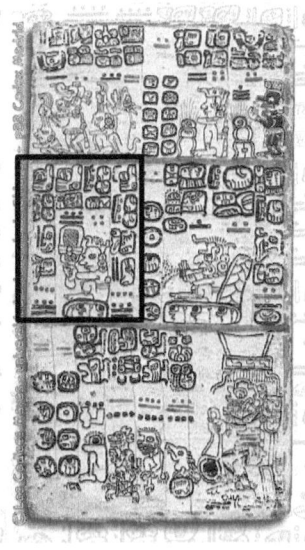

la raquette de la concentration
les deux bâtons de la blessure
se concentrer fixement soupeser la balle adéquate a l'oeil de la main
frapper adéquatement
sûr de la trajectoire, dans l'oeil de la main
tel est l'origine du contentement de la concentration,
de la blessure, de la joie du bâton,
de la balle adéquate et de l'oeil de la main.

l'homme marron qui se protège(qui se chauffe, qui parle à) de la flamme,
les terres et les tribus originelle face au grand lézard
le serpent qui louvoie, face au sac bien garni.(a noter que la fermeture du sac est le nil)

Des esclaves et des rois

au début des temps de la foret primaire, aux deux astres et au fleuve central,
l'animal régnait sur l'homme et copulait avec,
depuis sa division en deux en trois en quatre,
et la vision le voit, en visage de serpent qui louvoie,
c'est le roi qui gouverne.
(a noter que la Pangée a été selon eux, divisée par une météorite)

<u>l'envol du chemin:</u>
le chemin du vent de la vertu se fait en baleine volante
en baleine volante au dessus des difficultés se dessine, le vertical
le chemin de l'envol est celui de la légèreté

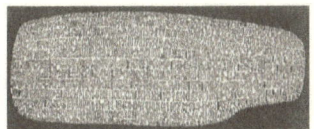

rongo rongo:
des ossements naissent une autre renaissance
que faire des ossements de mes pères?
des déviations de l'homme naissent tous les malheurs
que faire de mes déviations?
de la pluralité des chemins, la pluralité des mondes,

l'éléphant premier détourna le calice de la couronne du roi
de la pluralité des chemins la pluralités des mondes

il s'est fait des ailes pour pouvoir voler.

son regard englobe l'ensemble,

rapah nuih Dieu des eaux, Dieu des airs
l'oiseau est prêt a voler,

éléphant coquillage au milieu des prairies,

bonheur de la vie.

des trois sources de l'existence.

en créature.

le feu ardent de l'amour emporte ta créature morte.

parce que le monde est indestructible.

chaque colline, chaque rivière a été pensé,

les animaux et les arbres, les insectes et les plantes, ont gardé la mémoire du verbe de
la vie,

ou retrouver ces livres brulés?

lineaire A,B,phaistos:

<[

longueur
mesure
l'étendue
déviation
rupture
faute
asymétrie
compréhension
intelligence

Du vide du corps au mouvement du tout, germe
de la transformation, desagregation dont le port
manifeste a nouveau le corps, de la naissance de l'aile de l'oiseau
de la naissance des deux ailes des oiseaux, mouvement impromptu
de l'elevation, desquilibre dont le corps stabilise le chaos

de l'origine de l'ensemble des deux ailes, du vertical, de la triple vision de l'oiseau
remonter, monter, briser la chute, s'elever, elever ce corps un
au quatres fruits de la courbure, du face a face avec la triple force, du poisson oiseau
de la remontée de l'hamecon du vertical, du geste de la transformation, remonter
l'hamecon vertical du corps de la triple force-une,
soulever ce corps un, elever ce corp-un jusqu'a l'envol des quatres membres de ce corp-un
remonter, avec l'hamecon de la courbure la chute libre en mouvement de stabilisation.

De la transformation, le support du poid courbe le support, mais non celui de l'envol
qui repousse les limites, du deux, du corps et de l'un, du poisson qui nage, un,
du poisson et de la mer,de sa courbure qui se redresse, un, indivisible mouvement
de remontée et de redescente, de cercle, un la tete et le corps, un l'esprit et le corps,
sans limite, la force, quand ce deux-un s'eleve, l'envol. (suite au dessus,)
(quand le poisson est péché (mort), germe....)
l'elephant roi, l'oiseau, se detende aux eaux des deux soleil, l'offrande a l'inconnaissable corps de
transformation, de la terre des poissons libres de la mer, des deux pieds des poissons libres sous la mer
du deux un de l'étoile symetrique de l'envers et de l'endroit, de la jonction, des deux jonction
de l'oiseau tenant le soleil, de l'oiseau soleil, du vertical de l'hamecon et de ses provisions
que l'on ramene, enfant du parallele envers de la transformation de la jonction des deux forces:
remonter et plonger
(la je me suis gouré, les deux lignes superieurs se lisent a l'envers, ceci dit c'est pas mal aussi)

De la transformation, le support du poid courbe le support, mais non celui de l'envol
qui repousse les limites. du deux, du corps et de l'un, du poisson qui nage, un,
du poisson et de la mer,de sa courbure qui se redresse, un, indivisible mouvement
de remontée et de redescente, de cercle, un la tete et le corps, un l'esprit et le corps,
sans limite, la force, quand ce deux-un s'eleve, l'envol. (suite au dessus,)
(quand le poisson est péché (mort), germe....)

l'elephant roi, l'oiseau, se detende aux eaux des deux soleil, l'offrande a l'inconnaissable
corps de transformation, de la terre des poissons libres de la mer, des deux pieds des poissons libres sous la mer
du deux un de l'étoile symetrique de l'envers et de l'endroit, de la jonction, des deux jonction
de l'oiseau tenant le soleil, de l'oiseau soleil, du vertical de l'hamecon et de ses provisions
que l'on ramene. enfant du parallele envers de la transformation de la jonction des deux forces:
remonter et plonger(la je me suis gouré, les deux lignes superieurs se lisent a l'envers, ceci dit c'est pas mal aussi)
l'ascension, triple force de l'elevation, posture de la remontée, force de l'elevation, pouvoir des vagues de l'un, chemin de
l'élevation de l'esprit
de l'un indivisible, de "l'envoi" des membres, force du prolongement de la main, qui souleve une pierre comme on prend un poison
qui souleve une pierre comme on peche un poisson. force du soulevement du deux-un, force de soulevement, de l'esprit
force de soulevement de la main-esprit, des deux jonctions, de la jonction, de l'esprit souverain, esprit de ce corps-un.
brisure de l'esprit du deux. vagues et perles du deux-un, vagues et perles de l'un.

force de prolongation de la main, esprit et force de l'esprit, lumière
rivière de lumière, prolongation
de ce corps et de l'envers de ce corps

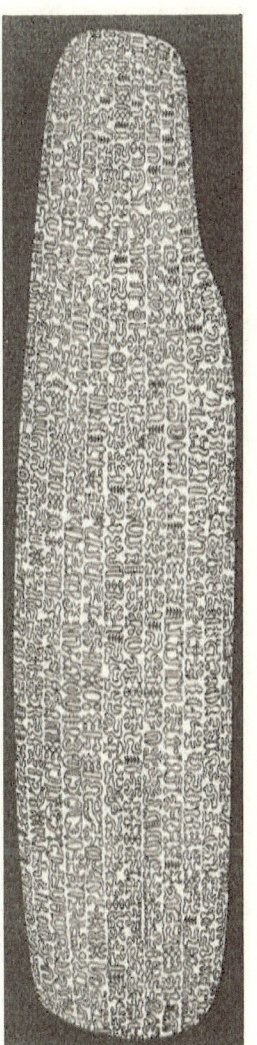

exegese :
 du vertical, à la courbure, du vol au mana, de 'elevation
a la reunion, du deux et du un, et des trois perles des eaux
la symetrie de l'elevation du vertical
la force de l'homme, bras allongé saissant l'objet,
remonte en envol les trois perles oiseau,
des ecumes des vagues oceanes, des trois pierres qui marchent,
remonté de la courbure, rpah nuih leur dit marche jusqu'au rebord,
et elle marche jusqu'au rebord de l'ocean,
l'esprit force de la saisie, poisson esprit, pierre esprit,
se souleve de la gravité, pied des pierres, fluctuants
se souleve fluctuant, force prenante, capable d'elever un rocher.

Des mouvements de la beautée des vagues et des ecumes:

de l'unité des transformation des vagues oceanes,
de la courbure des vagues oceanes,
trainée sur le chemin du sommet,
bulles se deplacant sur le chemin,
poissons de la courbure du chemin,
tenue de l'esprit des vagues,
attirance, des bulles
tenue des bulles sur le chemin,
vagues mouvements trainée de bulles,
vagues et bulles, reunie, explosants,
pour rejoindre l'océan....

tenue de la rencontre des vagues
transformation du mouvements spherique
et de l'elevation,
maintien du poisson mouvement
maintien des oceans et des bulles
devenir brisé de la brisure
maintien de la courbure du poisson
larmes du mouvement de l'unité brisée
crêtes des vagues,
résultats de transformations et de transformations infinies....

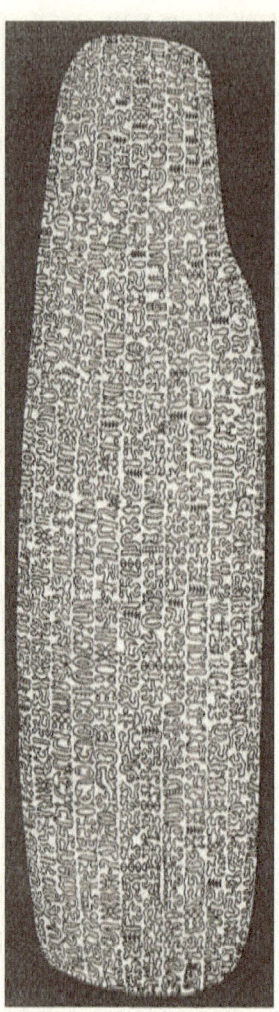

envol du poisson oiseau
transformation du mouvement des vagues
courbure des elements
maintien du devenir qui se souleve, s'eleve
corps de reunion de la jonction
force de la dispersion et de la reunion
du poisson oiseau
envol de la force de transformation
de vagues qui retombe, ecumantes
courbure du poisson
tete et corp des deux symetries
tracé des deux elements de la courbure
tete duelle de la sphere de la courbe
reunion de sa propulsion dans la courbe spherique
maintien et courbe des deux visages des vagues
maintien et force de courbure et transformations

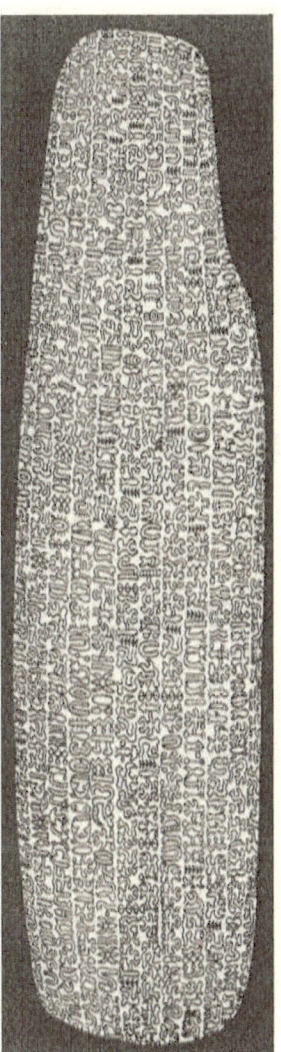

Les perles des vagues de l'envol:

De la courbure de la remontée,
de la force de la remontée,
du ruissellement des vagues qui s'etirent
du parcours de leur reunion et de leur transformation
de la tête et du corps, de la jonction de leur reunion
force de la remontée de la hauteur
maintien de la symetrie du poisson
tenue de la symetrie du poisson
elevation du poisson element
roulis de la brisure
brisure de la force des eaux
de leur separation et de leur remontée
de leur separation et de leur reunion
visage de l'esprit des eaux
de cette perle corps
du vertical et du soleil
de leur unité et de leur separation
des bulles sur les vagues qui ruisselent
du rouli des bulles sur les vagues
transformation de la tenue du fond
des bulles qui se detachent au soleil
de la vapeur qui s'eleve au soleil
du devenir de ce corps et de l'envers de ce corps

Du corps:
force de la remontée du poisson
de ce corps dont le bas descend
et dont le eau s'eleve et redescent
union des perles de la force
union des trois corps
corps de force
corps qui vole en vagues
corps qui vole en vagues
mouvement de l'envol de l'oiseau
savoir de l'elevation
du corps de l'oiseau
tenue de la remontée
de la jonction de la brisure des bulles
des vagues qui se retourne sur le fond
transformation de ce corps un
elevation de la tenue de ce corps
de la tenue de ce corps qui se transforme,
en coquillage
de la tenue de ce corps qui se brise
de l'elevation du poisson
corps de transformation de l'oiseau
de l'oiseau corps
de l'oiseau roi
elevation du poisson
des bulles sur les vagues
de l'elevation des bulles sur les vagues
de la force de transformation

Du vertical et de la montée:
de la remontée des bulles qui éclatent
de la tenue des bulles qui explosent au sommet de la vague
de leur rupture a la limite de la transformation
de cette vagues qui se soulève
de l'entremelement de leur rupture qui rejoint la vague
une,
larmes de leur réunion sur le haut
larmes de leur reunion sur le bas et le haut,
jonction de la tenue, de l'esprit des vagues
corps de l'evanescence de la montée du soleil
de ces deux corps amis
envol de l'oiseau
de la descente et de la remontée
de la remontée qui explose
poisson de la tenue de l'unité des deux corps
passage du poisson
de la descente et de la remontée
de la force du roulis
qui rupte les bulles
tenue de la descente
force de la montée
tenue du mouvement
larmes de la reunion des vagues
larmes de la reunion des vagues
qui explose en bulles
tenue de leur union
tenue de leur union
qui remonte
se transforme
et s'éléve en oiseau

De la transformation:
De l'union de la force
De la force une
De la fermeture du corp
De la fermeture de la poigne
et de l'ouverture des ailes de l'oiseau
de la descente et de la remontée
de leur tenue quand elles se brisent
contre les rochers
des mouvements de l'unité du corps
du poisson qui fraye
dans la courbure
de ce corps qui se transforme en bulles
en bulles qui explosent
de la tenue du poisson
de l'esprit des vagues qui s'elevent
de la tenue de sa propulsion
dans la force des vagues
de ce corps qui s'eleve
se disperse
se transforme
de ce corps qui s'eleve qui s'etire
qui remonte
et explose en bulle
larmes de son unité
esprit de son élévation
visage de son mouvement
de la fermeture de ce corps
qui se fraye, ce corps un
de sa tenue quand il s'eleve
dans sa courbure,
dans ses vagues
de son esprit qui s'eleve contre le rivage
qui s'eleve, se transforme,
et reviens a son unité.

(De la beauté de la vitesse des brisures des vagues qui affrontent les roche
Du mouvement des vagues qui se brisent:
De l'élèvation, larme du vertical
De l'élèvation, larme du vertical
Reunion des bulles du rouleau
qui se brise
Courbure de la reunion des bulles du rouleau
qui se brise
Courbure de la reunion des bulles du rouleau
qui retombe
Deformation du rouleau qui se multiplie en bulles,
Verticales.
Force, de l'elevation
De sa deformation contre le rivage
se multipliant,
Envol du corps spherique
Force de sa courbure
Majesté de l'élèvation de l'affront,
aux Limites.
Puissance de l'élèvation
Du Vertical qui se brise
Qui se brise et retombe
ronde de la separation
ronde de la reunion et de la separation
du vertical
maintien des larmes de la dissolution
nage et mouvement
de la dissolution
tenue de la dissolution
brisure de l'élévation
corps des vagues
esprit de la plongée des vagues
esprit de l'élévation des vagues
ou miroitent les bulles
aux ruptures et aux rencontres,
des transformations incessantes
de ce corps-mouvement

(De la beauté de la vitesse des brisures des vagues qui affrontent les roche
Du mouvement des vagues qui se brisent:
De l'élèvation, des gerbes qui se dressent,
Verticales
De l'élèvation, des gerbes qui se projettent,
Verticales
Reunion des bulles du rouleau
qui Jaillit
Reunion des bulles du rouleau
qui Retombe
Jaillissement de gerbes de bulles,,
Verticales.
Force, de l'elevation
De sa deformation,
se scindant,
Envol du corps spherique,
Maintien de sa courbure,
Majesté de l'élèvation de l'affront,
aux Limites.
Puissance de l'élèvation
Du Vertical qui se brise
Qui se brise et retombe
ronde de la separation
ronde de la reunion et de la separation
du vertical
Tenue de la trajectoire des bulles
Projettées dans l'élèvation
De la beauté de la vitesse de la courbure
Du linéaire,
Corps de trajectoire du lineaire,
de son depart et de son arrivée
Courbure, du lineaire
de ce corps qui se sépare,
qui s'élève
de ce corps des vagues qui s'élève et retombe
esprit de la plongée des vagues
esprit de l'élévation des vagues
ou miroitent les mouvements des bulles, grossissants
qui se forment aux limites et aux ruptures
des vagues infinies
force et tenue de ce corps-mouvement

(De la beauté de la vitesse des brisures des vagues qui affrontent les roche
Du mouvement des vagues qui se brisent:
De l'élèvation, des gerbes qui se dressent,
Verticales
De l'élèvation, des gerbes qui se projettent,
Verticales
Reunion des bulles du rouleau
qui Jaillit
Reunion des bulles du rouleau
qui Retombe
Jaillissement de gerbes de bulles,
Verticales.
Qui retombent,
Et se retractent, se reunissent, se reforment.
Et reviennent.
Force, de l'elevation
De sa courbure,
De sa reunion,
Envol du corps spherique,
Maintien de sa courbure,
Majesté de l'élèvation de l'affront,
aux Limites.
Puissance de l'élèvation
Du Vertical qui se brise
Qui se brise et retombe
ronde de la separation
ronde de la reunion et de la separation
du vertical
Tenue de la trajectoire des bulles
Projettées dans l'élèvation
De la beauté de la vitesse de la courbure
Du linéaire,
Corps de trajectoire du lineaire,
de son depart et de son arrivée
Courbure, du lineaire
de ce corps qui se sépare,
qui s'élève
de ce corps des vagues qui s'élève et retombe
esprit de la plongée des vagues
esprit de l'élévation des vagues
ou miroitent les mouvements des bulles, grossissants
qui se forment aux limites et aux ruptures
des vagues infinies
force et tenue de ce corps-mouvement

(Du maintien et du retour, de la resorbation et de l'elevation)
De la larme des brisures des hauteurs
De la scission de leur unité
bulles sur les vagues
De l'élévation de sa forme double
Du maintien de l'élévation qui redescent
Corps d'élévation qui redescent
Tenue, du mouvement spherique
reunion des bulles aux sommet de la vague
Reunion des mouvements courbes
Pieds des eaux
De leur reunion qui se scinde
naissance de l'eclat-bulles
reunion des brisures de son unité
qui se resorbe
brisure de la jonction en haut de sa courbe
Corps de projection de ses hauteurs
esprit des eaux
larmes de son corps
se resorbant
se reunissant
force, de son mouvement
de la reunion des bulles sur la hauteur des vagues
continuation, de son mouvement d'elevation
qui se detache
et se resorbe
en bulles sur les vagues
Majesté de leur brisure
Force d'elevation
De son unité
Corps qui plonge,
de resorbation
en resorbation infinie

Ce travail de traduction a été initié par Lucien, un lapin, alias, Rouleau de la Voie, d'autres lapins y ont participés Bonheur Profond, Regard Heureux, Plume au Vent et les souris Fleur de Vie et Fleur de Joie, Dieu nous a aussi assisté pour des parties qui sans lui resterais inconnaissable pour l'homme.

Nous avons travaillé a partir d'une image floue pour le rongo rongo, sans aide de la communauté scientifique, ne pouvant pas traduire certaines parties, inscrite sur les bords ni la continuité des textes inscrite aussi sur l'épaisseur.

Qu'importe a moins que nous finissions nous même ce saint travail, cet exercice pourra servir de base à la communauté scientifique pour traduire le maya, le rongo rongo et le linéaire A.

Je donne ici ma méthode: antérieure a l'écriture des phonèmes des langages, ces écritures sont des idéogrammes picturalement descriptifs, picturalement signifiants, il faut se baser sur deux choses, le détail et l'impression, bien que ces dessins et gravures semblent réalisés grossièrement, l'impression même que donne l'idéogramme est déterminante, par exemple pour la raquette de la concentration, la concentration est indiquée très subtilement mais indiquée quand même, dans l'impression, le regard de celui qui tient la raquette.

Nous aimerions continuer la traduction a partir d'une visualisation plus complète des sources, si la communauté scientifique veut bien nous la fournir, mais ce n'est pas l'important.

L'important c'est qu'avec ce travail, la communauté scientifique ai enfin une base solide de travail pour traduire tout le reste, dont, *les tablettes du trône.*

Par ce travail, que les coeurs et les esprits perdus retrouvent leurs chemins.